成都动物园

随身携带的动物园

谷阳——主编　　张立洋——绘

中信出版集团｜北京

图书在版编目（CIP）数据

随身携带的动物园. 成都动物园 / 谷阳主编；张立
洋绘. -- 北京：中信出版社，2024.8
　　ISBN 978-7-5217-6271-6

　　Ⅰ.①随… Ⅱ.①谷… ②张… Ⅲ.①动物园–成都
–少儿读物 Ⅳ.①Q95-339

　　中国国家版本馆CIP数据核字（2024）第006539号

编委会

主　　编：谷阳

副 主 编：胡彦　林顺秀

编　　委：许梅　李婕　李萱菲　邓锐　杨雅云　陈智英　何倩　徐蓉芳　桓宗锦　杨瑞麟　王利勤　王萌　郭鑫　刘洋
　　　　　施雨洁　程雨琦　韩宇　陈渝倩　刘芳　左智力

随身携带的动物园：成都动物园

主　　编：谷阳
绘　　者：张立洋
出版发行：中信出版集团股份有限公司
　　　　　（北京市朝阳区东三环北路27号 嘉铭中心　邮编　100020）
承 印 者：北京尚唐印刷包装有限公司

开　　本：889mm×1194mm　1/20　　印　张：2　　字　数：80千字
版　　次：2024 年 8 月第 1 版　　　印　次：2024 年 8 月第 1 次印刷
书　　号：ISBN 978-7-5217-6271-6
定　　价：20.00元

出　　品：中信儿童书店
图书策划：好奇岛
策划编辑：潘婧　朱启铭　史曼菲　　　　特约编辑：孙萌　　　　责任编辑：程凤
摄　　影：许梅　李婕　李萱菲　邓锐　杨雅云　陈智英　徐蓉芳　桓宗锦　杨瑞麟　王利勤　王萌　郭鑫　刘洋　程雨琦
　　　　　史静耸　陈跃英　蔡波
营　　销：中信童书营销中心　　　　　　封面设计：李然　　　　　内文排版：王莹

大熊猫国家公园的
城市之窗

成都动物园作为开在城市的自然窗口，是集生物多样性展示、保护教育和休闲娱乐为一体的自然教育场所。作为国内第一家饲养大熊猫的动物园，成都动物园因保护大熊猫的突出成就，在1989年获联合国环境规划署"全球500佳"荣誉称号。

2021年，大熊猫国家公园正式设立，成都成为全球唯一具有野生大熊猫和圈养大熊猫资源的超大城市。大熊猫国家公园作为旗舰物种最受国际关注、生物多样性最丰富、地质地貌最复杂的国家公园，在四川、陕西、甘肃三省2.7万平方千米的区域范围内，保护着8000多种动植物。

成都动物园常年饲养、展出近240种2700余只珍稀野生动物，动物种类和数量位居西部地区动物园之首。园中最具代表性的物种，也是在大熊猫国家公园分布的特色物种，游客可以尽情欣赏西南山地动物之美。

成都动物园作为四川省主要保护大熊

猫、川金丝猴、四川羚牛等濒危野生动物的易地保护单位，也在积极行动，通过开展大熊猫国家公园野生动物救护、建立珍稀野生动物优势种群、打造生态品质园区、创新自然科普教育等方式，面向公众传递保护生物多样性的理念。

成都动物园拥有目前国内较大的毛冠鹿人工种群和最大的豚鹿人工种群。四川是毛冠鹿的重要分布区域，种群中不少个体来自野外救助，因种种原因无法放归，它们在这里开枝散叶。而豚鹿在中国可能已野外灭绝，被列为国家"十四五"规划专项拯救98种极度濒危物种之一。成都动物园经过40多年的不懈努力和技术攻关，现拥有豚鹿人工种群78头，占全国圈养豚鹿总数的68%。2023年，在国家林业和草原局的指导下，成都动物园启动了豚鹿野化放归重建野生种群任务。

亚里士多德曾经说过："大自然的每一个领域都是美妙绝伦的。"作为连接人与自然的城市动物园，我们将种类多样的大熊猫国家公园本土珍稀野生动物介绍给大家，希望读者朋友们通过书籍认识、了解这些美丽的生灵，感受自然之美，并引发对动物世界的好奇，带着探索、求知的目的前来动物园参观游览。让逛动物园不仅仅停留在一次简单的旅游经历和一些照片的回忆中，更是一次与大自然亲密接触的机会和探索求知的旅程。

成都动物园园长

游览地图

王锦蛇 32

原矛头蝮 30

红腹锦鸡 28

黑鹳 24

朱鹮 26

川金丝猴 22

大熊猫 20

藏酋猴 16

亚洲黑熊 18

水鹿 14

马鹿 12

毛冠鹿 10

豹猫 6

四川羚牛 8

岩羊 2

小熊猫 4

注：此为截至 2023 年 12 月的动物场馆位置及动物状况。
此页出现的数字对应书中动物的页码。

峭壁精灵
岩羊

你好，我叫宁宁，是一只长着威风大角的雄性岩羊。大家来到成都动物园，首先映入眼帘的就是岩羊站在石柱上的雕塑。岩羊雕塑，一方面寓意野生动物的生存空间因人类活动而变得越来越小，希望人们在利用自然的同时，不要忘记保护野生动物的生存环境；另一方面象征着野生动物保护工作者像岩羊一样，不畏艰难，勇于攀登。我们是国家二级保护动物。

雌雄都有角，雄性的角粗壮，角尖指向后方。

岩羊垂直迁徙。

岩羊有一个致命弱点：逃到山脊上后，总要回过头来看一看是谁在追它，而它往往容易在这个时候被天敌追上。

岩羊没有膻味，也不长胡子。

臀部为白色。

从正面看，岩羊的四肢是黑色的。

我们能"飞檐走壁"

我们的体形不算小，体重也不轻，却能在近乎垂直的悬崖峭壁上如履平地，所以人们用"飞檐走壁"来形容我们。这都是不断进化的蹄的功劳：我们的脚趾间距很宽，而且可以灵活地分开，牢牢抓住石头；蹄尖可以插进岩壁缝隙，进一步增强稳定性；蹄子下面有柔软的肉垫，可以在我们着陆时起到缓冲作用并增加摩擦力。另外，我们还有很发达的悬蹄，可以帮助我们在峭壁上停住，起到刹车的作用。我们出生十几天就能在崖壁上爬上爬下了，只要有脚掌大小的地方，我们就能攀登上去。

我们会"轻功"

我们不仅能"飞檐走壁"，跳跃能力也很强，这得益于我们粗壮的四肢和膝盖处厚厚的韧带。往上一跳可达两三米，从10米的高处跳下来也毫发无损，我们就凭借快速跳跃来躲避敌害。

峭壁生活好处多

一是为了躲避天敌——雪豹、豺、狼等猛兽，以及金雕等大型猛禽；二是为了摄取盐分，盐在平地上不好找，而悬崖峭壁的岩石上会渗出盐及其他矿物质，可以满足我们的身体需求；三是岩壁上也生长着一些植物，而且很少有别的动物造访，我们可以安心地吃鲜嫩的枝叶。

萌萌的"九节狼"
小熊猫

中小食肉动物展区

你好，我叫点点，是个小女生，我和男生大王及另一个女生圆圆生活在一起。我们都喜欢甜的食物，苹果是我们的最爱。吃饭的时候，圆圆喜欢恶作剧，经常抢大王的苹果吃，大王不敢惹圆圆，就来吃我的。但我也不是好惹的，哼！我就把苹果牢牢地抓在手中不给它，大王只好可怜巴巴地去找别的东西吃。保育员说它"炟耳朵"，就是怕老婆的意思，哈哈！我们是国家二级保护动物。

在黑暗的环境中，脸上白色的面纹可以帮助小熊猫妈妈找到迷路的幼崽。

耳朵近似三角形。

小熊猫的宝宝刚出生时是灰色的。

小熊猫的腹部是黑色的，它们遇到危险时会突然站起吓唬敌人。

尾巴有9个深浅不同的环纹，所以也被称为"九节狼"。

"伪拇指"是它们的"第六根手指"，是其腕部一块骨骼的膨大，并不是真正的大拇指。"伪拇指"可以帮助小熊猫轻松地握住圆柱形的竹子、竹笋等食物。

"熊猫" 本是我的名字

说起熊猫，大家首先想到的一定是国宝大熊猫。其实，熊猫这个名字，一开始是属于我们的。1825 年，一位法国动物学家发现了我们这种可爱的小动物，称赞我们是"世界上现存最漂亮的哺乳动物"，并取名为 panda（熊猫）。1869 年，法国传教士和博物学家戴维在四川雅安发现了一个奇妙的物种——当时叫"giant panda"，即大熊猫，后来人们逐渐丢掉了"giant"，而我们就成了 lesser panda（小熊猫）。

吐舌头并非卖萌

舌头是我们的味觉器官，也是重要的"探测器"，上面有很多大的乳突，这些乳突可以感应周围空气中的化学微粒，这样我们就能"尝"出猎物和天敌散发的各种气息啦，可以第一时间出击或躲避。所以我们吐舌头并不是在卖萌哟！

远亲与近邻

我们与大熊猫的亲缘关系较远，但二者却有着趋同演化。我们同属食肉动物，但却都以素食为主，肉食为辅。我们的主食都为竹子，由于竹子的营养价值不高，而且我们无法消化大部分植物纤维，只能每天花大量的时间吃大量的竹子。为了握竹子、竹笋等圆柱形食物，我们的前肢都长着一根"伪拇指"。双方并没有把对方排斥在自己的栖息地范围之外，在四川卧龙保护区内，曾有研究发现一只大熊猫和一只小熊猫的核心活动区域的重叠率达 30.8%。

中国分布最广的野生猫科动物
豹猫

豹馆

从头顶到肩部有4条棕黑色纵纹。

耳朵背面有白斑。

身上的斑纹像豹子，所以被称为豹猫。

腿比家猫长，尾巴也更粗壮。尾巴尖是黑色的。

内侧眼角各有一道白色条纹，眼周有白色花纹。

攀爬和游泳的本领高强，上树抓鸟、下河捞鱼也不在话下。

你好，我叫真真，曾经被人非法饲养，后来被救助，来到了成都动物园，终于结束了戴着项圈吃饼干、坐下握手再换手的生活。我在成都动物园的家，从地面到高处有用木板、麻绳和原木搭起来的多个栖架，我可以在这儿自由活动，实在太开心了。我们属于小型猫科动物，害怕人，容易应激，来看我们的时候请不要拍玻璃，拍照不要开闪光灯。如果受到这样的刺激，我们就躲起来不出来了。

我的地盘我做主

我们的领地意识很强，常用标记的方式来宣示"主权"。我们不仅会刨坑进行视觉标记，也会通过排便进行气味标记。家猫会在排泄后埋屎，据科学家推测，这是为了掩藏自己的气味，防止天敌循着气味找到自己。但是我们不会试图隐藏自己的信息，这点和老虎比较像。

我们不是孟加拉豹猫

可以作为宠物饲养的孟加拉豹猫虽然也叫豹猫，但与我们不是同一种动物：孟加拉豹猫最早是由野生的亚洲豹猫和家猫杂交选育而来的，只有杂交至少四代的才是合法的可以家庭饲养的宠物猫。我们是国家二级保护动物，猎捕、运输、贩卖、伤害、无证私自饲养等行为都是违法的。

猫科动物知多少

目前，我国《国家重点保护野生动物名录》中收录的猫科动物有 13 种，分别是荒漠猫、丛林猫、草原斑猫、渔猫、兔狲、猞猁、云猫、金猫、豹猫、云豹、豹、虎、雪豹。其中 7 种为国家一级保护动物，6 种为国家二级保护动物。

四川羚牛

羚羊馆

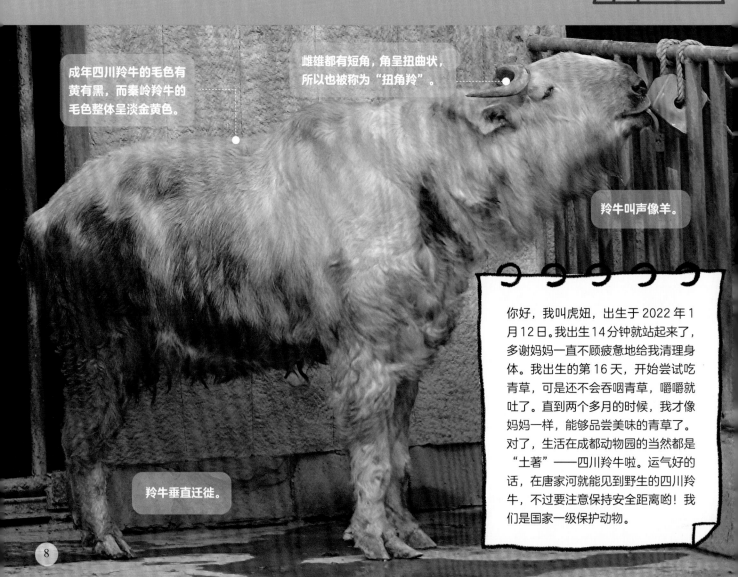

成年四川羚牛的毛色有黄有黑，而秦岭羚牛的毛色整体呈淡金黄色。

雌雄都有短角，角呈扭曲状，所以也被称为"扭角羚"。

羚牛叫声像羊。

羚牛垂直迁徙。

你好，我叫虎妞，出生于 2022 年 1 月 12 日。我出生 14 分钟就站起来了，多谢妈妈一直不顾疲惫地给我清理身体。我出生的第 16 天，开始尝试吃青草，可是还不会吞咽青草，嚼嚼就吐了。直到两个多月的时候，我才像妈妈一样，能够品尝美味的青草了。对了，生活在成都动物园的当然都是"土著"——四川羚牛啦。运气好的话，在唐家河就能见到野生的四川羚牛，不过要注意保持安全距离哟！我们是国家一级保护动物。

"六不像"

我们体形硕大，犹如粗壮的牛，在动物分类学上，我们属于牛科，但是是其中的羊亚科，牙齿、角、蹄子等更接近羊。美国著名动物学家乔治·夏勒称我们为"六不像"：背脊像棕熊，后腿像斑鬣狗，脸像驼鹿，尾像山羊，两只角长得像角马，四肢粗壮像家牛。

重口味的素食主义者

我们虽然是大块头，却是不折不扣的素食主义者。我们不挑食，够得着的植物几乎都吃，我们的菜单上有近300种植物，其中不乏天然的中草药。我们还是"重口味"，喜爱舔食岩盐、硝盐或喝盐水，以维持机体电解质平衡。在成都动物园，不同的季节，保育员会为我们提供不同的青草和树叶，还有精饲料，以及黄豆、胡萝卜、苹果、苜蓿颗粒、苜蓿干草等。食物种类可是相当丰富呢。

无心的破坏王

因为现在没有天敌，而且栖息地破碎化，种群难以扩散，所以我们在局部地区数量过多，可能会对生态造成一些不良影响。比如，在繁殖季，我们会在树干上磨头上的角，使角变得尖锐、锋利，以便在争夺配偶时尽可能击败对手。但是在这一过程中，可能会蹭坏树皮，导致树木死亡，也会使树干上其他动物留下的信息被破坏，如大熊猫的求偶信息。但我们是无心的，而且也做了一些贡献：我们以林下植物为食，能够消灭助燃植被，减少森林火灾的发生；我们成群活动，会在山上开辟出兽道，方便其他动物活动。

戴着"冠帽"的鹿
毛冠鹿

你好，我叫费费，是一个帅小伙。2019年，我来到成都动物园，保育员为了让我慢慢适应新环境，为我准备了"VIP单间"，还有很多美食和本杰士堆。一年后，我搬到了毛冠鹿群的"四合院"，和大家一起生活。又过了半年，我觉得自己对地盘熟悉了，就开始调皮了，经常和其他雄性毛冠鹿打架。保育员只好把我调走，和6只雌性毛冠鹿一起生活！我们是国家二级保护动物。

额头有马蹄形黑褐色毛簇，就像戴了冠帽，因此得名。

耳尖白色。雄性毛冠鹿有短小的角，雌性无角。

眶下腺发达。

雄性上犬齿发达，看起来就像长了獠牙。

毛冠鹿宝宝背部有不明显的白斑。

鹿也有"獠牙"

我们没有梅花鹿、麋鹿那样华丽的大角，头上只有两个小小的凸起，还常常被毛发遮蔽，因此我们也被称为隐角鹿。虽然角不起眼，但是雄性毛冠鹿长着"獠牙"，不同于野猪的"地包天"獠牙，我们的是一对由上至下生长的犬齿。这也是我们的武器，遇到惊吓或敌人时，我们会鼓足勇气用犬齿捍卫自己的生存权。虽然长着"獠牙"，但我们可是坚定的素食主义者。

争夺配偶，大打出手

我们性情温和，机警胆小，连走路都小心翼翼的——每次抬腿、落地就像一位优雅的舞者。但是到了交配季节，我们雄性毛冠鹿为了争夺配偶，不惜大打出手：用上犬齿和前蹄进行激烈战斗，常常打得血迹斑斑，不分出胜负不罢休。只有强壮有力的雄鹿才会获得雌鹿的青睐，使自己的优质基因得以遗传下去。

速度快的长跑健将

我们对周围环境非常敏感，遇到危险会第一时间狂奔。我们在奔逃时，会高高翘起尾巴，因为尾巴内侧是白色的，这样就像举起了一面"小白旗"，很容易被发现，同伴们见到，会立即跟着奔跑。我们不仅速度快，耐力也很好，这对于我们的个体生存和种族繁衍非常重要！

长得像驴的鹿
马鹿

鹿苑

你好，我是四川本地的马鹿，也叫白臀鹿。在野外，我们是大熊猫的"邻居"。在成都动物园，保育员哥哥姐姐每天都会给我们鲜嫩多汁的青草和嘎嘣脆的精饲料。冬天，我们喜欢趴着晒太阳，保育员会给我们铺上干草垫，趴在上面就感觉不到地面的凉气了。到了夏天，保育员会找来大大的冰块放在遮阳棚里给我们降温。我们是国家二级保护动物。

雄鹿有角，随着年龄的增长，鹿角会越长越大，最多的有8个叉。

马鹿川西亚种臀部有大块白斑。

马鹿是鹿科动物中体形第二大的。

马鹿宝宝是黄褐色的身上有白色斑点。

马鹿在早晨和黄昏时比较活跃。和岩羊一样喜欢舔盐砖。

像马的鹿

光听名字，你是不是很好奇，我们究竟是马还是鹿呢？其实我们是地地道道的鹿，体形仅次于驼鹿。因为我们长得像马，所以得名马鹿。夏天的时候，我们会脱掉厚厚的有绒毛的灰褐色衣服，换上没有绒毛的赤褐色衣服，所以在有的地方也被称为赤鹿。尤其是欧洲马鹿，背部颜色是较深的红褐色，所以它们的英文名就是"red deer"。

只为俘获雌鹿芳心

只有最强壮的雄马鹿才会获得雌马鹿的青睐，大大的鹿角就是雄马鹿强壮的特征。在争夺配偶时，雄马鹿之间总是会发生打斗，又大又坚固的鹿角可以帮助雄马鹿在竞争中获胜。雄马鹿还喜欢在鹿角上挂许多树枝和草作为装饰，这可以使它们看起来更加威风。此外，雄马鹿在打斗获胜后会得意地吼叫，这也是它们获得雌鹿芳心的绝招之一。

高原的"修路员"

马鹿的分布范围很广，我们川西亚种生活在高原地区，喜欢海拔3500～5000米的高山灌丛草甸及冷杉林边缘。因为我们的角比较大，在茂密的森林里，大角会变成我们前进的阻碍。在林子边缘活动时，我们大大的角可以刮落干枯的树枝，而大大的脚可以把泥土踩得平坦结实。对于树林里的其他小动物来说，我们确实为它们修建了"马路"。

喜欢水的鹿
水鹿

你好，我叫仔仔，出生于 2021 年 4 月 20 日。我们鹿科动物出生后，会马上学着站起来，并在几个小时后学会奔跑。在妈妈的鼓励下，我颤抖着学习站立，不断跌倒，不断站起，慢慢地，我不仅可以站稳，还能跟着妈妈行走了。我每天喝母乳，越来越健壮，在我一个月大的时候，终于尝到了美味的青草。现在我已经是身形矫健的水鹿公子啦！目前水鹿在中国只剩下了 5000~7000 只，是国家二级保护动物。

成年雄性水鹿长着粗长的三叉角，最长可达 1 米，主干基部有角座。

眶下腺发达，尤其是在发怒和受惊时，可膨胀到与眼睛一样大。

雄鹿脖子上有深褐色鬃毛。

发情期的雄鹿和怀孕、哺乳期的雌鹿，颈部中央有一块裸露的红色皮肤，会分泌白色黏液。

水鹿的下巴、腹部、四肢内侧和臀部为黄白色。

水鹿会沿山坡垂直迁徙。

14

鹿中勇者

我们体形较大，成年雄鹿体长可达 2 米，体重 200 千克以上。我们很勇敢，在遇到豺等天敌追击时，通常会选择正面迎击，而不是像其他鹿那样落荒而逃。即便是没有角的雌鹿，也会靠后腿站立起来，举起前蹄狠狠击打对方，哪怕以失败告终。

与水相伴的生活

我们对水源的依赖性比较强，几乎长年在水源附近活动，雨后特别活跃。我们擅长游泳，也爱到溪流或林间小池塘里洗澡、滚稀泥，所以被称为水鹿。

素食主义者

我们以水边的树叶、浆果、草、小树的树皮、果实、香草等为食。冬天食物匮乏时，主要吃竹叶。在成都动物园，我们过着丰衣足食的生活，一年四季都能享用青草和嫩叶，有美味的黑麦草、燕麦草、苏丹草，还有各种树叶"点心"——女贞叶、梧桐树叶、桑树叶、樱桃叶、李子叶、槐树叶等，平时还有颗粒料、苜蓿干草等。

中国特有的猕猴
藏酋猴

猴山

藏酋猴是中国体形最大的猕猴。

你好，我叫妞妞，是一只被救助的藏酋猴。有个热心的小女孩在崇州农家乐游玩时，发现我被关在笼子里，于是小女孩的妈妈联系了成都市野生动物救护中心。和我有着同样经历的伙伴还有很多，它们有的被捕兽夹夹断了双臂，有的被铁丝缠绕受伤，还有的因为打架受伤……多亏了成都动物园的兽医为我们治疗，等我们身体完全恢复了还会被放归野外。我们是国家二级保护动物。

脸部颜色：幼年时为肉色，青少年时为白色，成年时为红色，老年时为紫色有黑斑。

有颊囊，可以用来暂时储存食物。

脸上和下巴上有长长的毛，看起来就像络腮胡子。

脚相对较长，有 5 个脚趾，大脚趾与其他 4 趾分开。

我们还有个名字叫短尾猴

很多猴子的尾巴都很长，有的甚至超过身体的长度，相当于它们的"第5只手"，可以在跳跃、爬树时保持身体平衡，调节体温，驱赶昆虫等。而我们的尾巴却很短，不到10厘米。短短的尾巴不仅使我们更加适应地面生活，还有利于保持体温，是对寒冷地区的适应特征之一，这样我们就不用担心高寒天气把尾巴冻坏了。所以，我们也被称为"短尾猴"。

梳理毛发增感情

很多灵长类动物之间都会相互理毛，这样做不仅仅是为了清理体表的寄生虫等，也是为了寻找毛中的盐粒，补充盐分。理毛还是一种重要的社交行为，具有改善关系、增进感情、稳定社群结构等作用。

人与猴又能和谐相处了

著名的峨眉山猴子其实就是藏酋猴。在游玩时，还请大家避免近距离接触，更不要投喂、抚摸动物，以免传染疾病。另外，也不要做出瞪视、追赶、惊吓、吼叫、踢打等刺激或攻击动物的动作，以免发生意外。现在，峨眉山景区进行了改造，让人与猴保持适当距离；还专门在山中栽种了果树，让猴群在野外能够获得充足的食物。人与猴又能和谐相处了！

戴月牙项链的熊
亚洲黑熊

熊山

你好，我叫小黑。2008 年，汶川大地震后第 38 天，阿坝藏族羌族自治州的一位村民在大山里发现了一只孤单的黑熊宝宝，把它交给了当地林业部门。几经周折，它被带到了成都动物园。当时它只有 3 个月大，能活下来是个奇迹，于是保育员给它取名"熊坚强——小黑"。这个熊宝宝就是我啦。保育员非常疼爱我，在他们的精心照料下，如今我已经长成了英俊挺拔、器宇不凡的大黑熊，还是几个孩子的爸爸。我们是国家二级保护动物。

耳朵圆圆的，有点儿像米老鼠的耳朵。

黑熊的脸长得像狗，所以也被称为"狗熊"。

颈部和肩部的毛比较长。

胸部有 V 字形白斑，像月牙，所以也被称为"月熊"。每个亚洲黑熊的白斑形状都是独一无二的。

尾巴相对较短，长 7~15 厘米。

亚洲黑熊不仅是游泳健将，还善于攀爬，可以爬到很高的树上去摘果子、掏蜂蜜甚至筑巢。

前后肢都有 5 指（趾），爪尖无法伸缩。

走路时四肢着地，只有在觅食、受到威胁与攻击时，才会采取站立姿势。

"黑瞎子"的视力并不差

我们的眼睛看起来比较小，还被称为"黑瞎子"，但其实我们的视力并不比其他大型哺乳动物差，而且比人类强。但我们只能分辨黑色和白色，这样的好处是夜视能力较强。另外，我们的听觉和嗅觉很灵敏，能听到几百米以外的脚步声，顺风能闻到 500 米以外的气味。在你们看到我的时候，其实我早就发现你们啦。

冬眠策略

在南方，亚洲黑熊基本是不冬眠的。在北方，冬季寒冷，食物匮乏，野外的亚洲黑熊会寻找隐蔽的岩洞、树洞等处进行冬眠。冬眠前，它们会吃大量食物，储存能量。冬眠时，心跳、新陈代谢速度下降，一直处于半睡半醒的状态，但体温下降得不多。如果它们冬眠前没有储存好能量，会提前走出洞穴，寻找食物补充能量。

拒绝违背天性的动物表演

也许你在马戏团里看到过黑熊表演，它们有的会骑自行车，有的会转呼啦圈……看起来聪明又能干。但是，你知道吗？我的这些小伙伴非常悲惨，它们从小就不得不和妈妈分开，还要被戴上项圈，用铁链吊起来，被迫长时间练习用后腿站立去表演，导致关节严重受损甚至瘫痪。如果练得不好或者不听指令还会被打。

中国国兽 大熊猫

熊猫馆

大熊猫的"黑眼圈"主要用来遮挡光线，避免强光刺激眼睛。

大熊猫的耳朵是黑色的，尾巴是白色的。

你好，我叫囡囡，2013年8月6日出生于成都大熊猫繁育研究基地。自呱呱坠地以来，我就是集万千宠爱于一身的囡宝宝！有一次，因为进食过快过多，我得了肠梗阻，手术后在奶爸奶妈们的精心照顾下，坚强的我又恢复了往日的美丽与活泼。所以，小朋友们吃饭的时候一定要细嚼慢咽。2018年1月，我来到了成都动物园，并在这里幸福地过着有滋有味的小日子。我们大熊猫是国家一级保护动物。

除了我们常见的黑白色大熊猫，还有棕白色大熊猫。

大熊猫是独居动物，不冬眠。不仅擅长爬树，还会游泳。

刚出生的大熊猫宝宝皮肤是粉红色的，平均只有145克。

大熊猫走路"内八字"。

大熊猫的"第六根手指"，其实是手腕部增大的骨骼，被称为"伪拇指"，方便抓握东西。

是熊还是猫

你有没有被"大熊猫"这三个字的顺序所迷惑，把重点放在猫上，以为我们和大猫是亲戚？实际上，我们是熊科动物，我们的祖先是由拟熊类演变而来的始熊猫。

"肉团子"其实是食铁兽

我们看起来很软萌，像个肉团子，一般情况下性格也是很温和的。但是，如果有陌生的游客靠近我们，我们就会把他们当成入侵的敌人。我们咬人可疼可疼了，在古代，我们可是被称为"食铁兽"的，甚至能咬断人的胳膊、腿。在动物园，无论观赏什么动物，都千万不要攀爬护栏、跨越隔离带等，那可是很危险的哟！

地道的吃货

我们的主要食物是竹子，其实我们也吃肉，在野外偶尔会抓竹鼠等鼠类吃，也会掏鸟蛋食用。一只成年大熊猫差不多要花 10 多个小时吃吃吃，每天要吃掉十几二十千克竹子，但是只能消化 17%，大部分都被快速排出体外——一天要拉 40 多次便便，有 10 千克左右。不过我们的便便可不臭，还有点儿竹子的清香，而且富含粗纤维，可以废物利用，做成纸。

翘鼻精灵
川金丝猴

你好，我叫波仔，出生于 2016 年，是一个集帅气、温柔、体贴于一身的超级"暖男"。我们在成都动物园的种群一直在不断壮大，从 2003 年的 9 只发展壮大到现在的近 30 只，居全国动物园前列。我们的场馆很大，包括一个内展厅和两个外展的运动场：大运动场里居住着一个川金丝猴家庭，它们一家总是相互理毛，给人很温馨的感觉；小运动场里居住着几只亚成年的小猴。我们的场馆紧邻大熊猫馆，在野外，我们和大熊猫是"邻居"。我们也是国家一级保护动物。

面部青色，鼻孔朝天，嘴唇厚而突出。

成年雄性的肩背部有金色长毛。

成年雄性在上犬齿的位置有瘤状突起。

川金丝猴有午睡的习惯，每天 12 ～ 14 点是它们的休息时间。

刚出生的川金丝猴宝宝是铁灰色的。

脚掌黑褐色。

朝天鼻

我们没有鼻梁骨，鼻孔朝天，所以也被称为仰鼻猴。这是因为我们生活的地区海拔较高，空气稀薄，在几百万年的演化过程中，为了适应高原地区的缺氧环境，我们的鼻梁骨逐渐退化，以减少在稀薄空气中呼吸的阻力。

"阿姨行为"

在我们的社群中，存在明显的"阿姨行为"，就是群体内的雌性喜欢照顾别人的猴宝宝。生育经验越不丰富的阿姨，这种行为表现越强烈。在野外，阿姨行为不仅能让缺乏生育经验的未来猴妈妈学到抚育幼儿的经验，还能让猴妈妈有时间觅食，这样既保证了幼猴的安全，也能让抚育幼猴的母亲获得充足的营养，有利于种群繁衍。

随季节变换的食谱

我们食性很杂，以植物性食物为主，在野外以野果、树叶、嫩芽、竹笋等为食，偶尔也捕食鸟类、昆虫等。我们的食谱因季节而异，并会因食物而迁徙。在冬春季，通常摄食松萝、地衣等；在夏季主要吃嫩叶；秋天则更多食用水果。在成都动物园，我们的食物也非常丰富，有小叶女贞、天竺葵、桃树、槐树等的叶子，还有芹菜、韭菜、胡萝卜、莴笋、莜麦菜、洋葱、大葱、空心菜、黄瓜、西红柿等蔬菜；水果也必不可少，有苹果、香蕉、橙子、猕猴桃、葡萄、西瓜等；此外还有玉米、窝窝头、鸡蛋等。

鱼类收割机
黑鹳

百鸟苑

身上有紫色和青铜色光泽。

眼周皮肤是红色的，嘴是红色的，腿也是红色的。

黑鹳宝宝是灰白色的。

你好，我叫彩灯儿。2015 年，年幼的我翅膀受伤，不能跟着爸爸妈妈一起飞了。幸运的我被大邑县林业局的叔叔发现并救护，送到了成都动物园。动物园里的兽医立马为我进行治疗。我恢复以后，安全度过了三个月的检疫期，就来到了现在的家——百鸟苑，因为当时我年龄小，不具备野外生存能力。我们是国家一级保护动物，还是白俄罗斯的国鸟。

远行的鸟

我们是一种会进行长距离迁徙的候鸟。科研人员给救助的一只黑鹳佩戴了 GPS（全球定位系统），发现它南北迁飞总里程达到 4181 千米。我们多在白天进行迁徙，常结成 10 ~ 20 只的小群。我们主要鼓翼飞行，有时也利用热气流进行滑翔。在中国，从 9 月下旬至 10 月初开始向南迁徙，在南方越冬，多在第二年 3 月返回北方的繁殖地。

我们也怕热

因为需要适应飞行等高耗能的运动，所以我们新陈代谢快，会产生很多热量，我们的正常体温要普遍高于人类，一般为 40℃左右。当气温过高时，我们会通过种种方式来降温，比如去水边洗澡，飞到阴凉处，张开嘴散热等，我们体内的气囊也可以起到散热、调节体温的作用。

优雅的单脚站立

鸟类学家认为，我们交替使用两只脚"独立"，是为了减少能量消耗，就像人在长时间站立时，会调整身体重心，让两条腿轮流受力。我们无法改变身体重心，就把一只脚收到翅膀下面休息，这样做还有利于为腿保温。

东方宝石
朱鹮

后枕部有长长的柳叶形羽毛，形成羽冠。

繁殖季，头颈和肩部会分泌出黑色小颗粒，将原本雪白的羽毛染成灰黑色；过了繁殖季，分泌物消失，羽毛又会变回白色。

喙长并且向下弯曲，呈黑色，但尖端和下喙基部呈朱红色。

你好，我是朱鹮，与大熊猫、川金丝猴、秦岭羚牛并称为秦岭四宝，是国家一级保护动物。我们曾广泛分布于东亚等地，然而在环境污染、过度采伐、非法猎捕、人为干扰等因素的影响下，20 世纪种群数量急剧减少：60 年代，俄罗斯远东地区朱鹮灭绝；70 年代，朝鲜半岛最后一只朱鹮消失；1981 年，日本将最后 5 只野生朱鹮捕获进行人工饲养，但未能繁育……中国成为保护朱鹮的最后一线希望。经过 40 多年的努力，截至 2023 年 11 月，全球朱鹮种群数量达到 1.1 万只。

脚和腿都是朱红色的。

吉祥之鸟

我们成年后脸部呈朱红色，展翅飞翔时，翼羽和尾羽也呈朱红色，耀眼而美丽，因而得名朱鹮。我们性情温和，体态优雅，起舞时翩若惊鸿，栖落时宛如仙子。中国古人认为我们能带来吉祥，把我们和喜鹊并称为吉祥之鸟。还有诗歌赞颂我们："翩翩兮朱鹭，来泛春塘栖绿树。羽毛如翠色如染，远飞欲下双翅敛。"诗里的朱鹭就是朱鹮。

夫妻同心养娃

我们是一夫一妻制的，一旦喜结连理，便会一生相守。朱鹮妈妈每窝产卵 2~5 枚，从产下第一枚卵起，爸爸妈妈就开始交替孵化小宝宝了，轮流休息进食。育雏也是朱鹮爸爸和妈妈共同完成的，它们交替出去觅食并哺育宝宝。朱鹮爸爸或妈妈回巢后，将半消化的食物吐出，性急的宝宝们争着把长长的喙伸进爸爸或妈妈的嘴里取食。为了喂养宝宝，爸爸妈妈要从早忙到晚。

生态奇迹

1981 年 4 月，中国科学院"中国朱鹮考察小组"第三次来到秦岭。5 月 23 日，科学家在秦岭南麓发现朱鹮，他们将这个极小种群命名为"秦岭 1 号种群"，这是当时世界上仅存的 7 只野生朱鹮。发现朱鹮后的数天，陕西省汉中市洋县人民政府发出《关于认真保护世界珍禽朱鹮的紧急通知》，并明确提出"四不准"：不准在朱鹮活动区狩猎，不准砍伐朱鹮营巢栖息的树木，不准在朱鹮觅食区使用农药化肥，不准在朱鹮繁殖区开荒、放炮。感谢大家对我们的保护，中国创造了令世界瞩目的生态奇迹。

金冠斓衣的候选国鸟
红腹锦鸡

百鸟苑

你好，我是红腹锦鸡，也被称为"金鸡"，传说中的凤凰的原型就是我们。红腹锦鸡是中国特有的，古时候，我们还是身份的象征，明清时期，二品文官官服的补子上就绣着锦鸡。我们还是中国国鸟的有力竞争者，是国家二级保护动物。

擅长奔跑。

羽色丰富，全身赤、橙、黄、绿、青、蓝、紫俱全，是驰名中外的观赏鸟类。

雄性红腹锦鸡两只眼睛下面各有一个黄色小肉垂。

尾羽主要用来在飞行中控制方向。

雌性红腹锦鸡和幼鸟呈黑褐色，是很好的保护色。

翅膀较短，可以迅速起飞并短距离飞行，不善于长距离飞行。

绚丽的求偶仪式

我们是"一夫多妻"制的。春天是繁殖季，雄鸟会占领食物丰富、隐蔽条件较好的地盘做好求偶准备，并决不允许其他同性进入。求偶时，雄鸟很讲究仪式感，慢慢走到雌鸟身边，一边低鸣，一边绕着雌鸟转圈。在这个过程中，雄鸟的彩色披肩羽如同折扇，反复打开、关闭，尾羽如孔雀开屏一样展开，绚丽极了。

早成鸟的育儿经

红腹锦鸡一般每窝产 5~9 枚蛋，有时也会超过 10 枚。红腹锦鸡妈妈会长时间不吃不喝，精心孵化这些蛋。红腹锦鸡的雏鸟是早成鸟，出壳时羽毛就长好了。等雏鸟羽毛的水分干了，红腹锦鸡妈妈耐心地教导宝宝如何辨别食物、如何取食；爸爸则负责警戒，保护妻儿。

雉类王国

雉科属于鸟纲鸡形目，全世界有 300 种左右。中国有 64 种，其中 20 种是特有种，雉类资源尤其丰富，因此中国被誉为"雉类王国"。四川记录的雉类有 25 种，其中国家一级保护动物就有四川山鹧鸪、绿尾虹雉、斑尾榛鸡、红喉雉鹑等，各具特色，吸引了国内外大批鸟类爱好者前来寻觅、欣赏。

美丽却危险 原矛头蝮

身体两侧有并列的暗褐色斑纹。

没有眼睑、角膜，眼球不能转动，是竖瞳孔。

卵没有钙质的坚硬外壳，而是革质的，所以软软的，略呈长条形。

头呈三角形，因颈部较细，所以看起来像一个烙铁，所以俗称"烙铁头"。

尾巴尖比较细。

原矛头蝮擅长爬树。

你好，我叫毒毒，曾低调地蛰伏于成都市的某工业园中。一天，我正在窨井盖下面休息，被打开井盖的工作人员发现了。成都动物园的工作人员来了，一眼就认出我是原矛头蝮，知道我是一条毒蛇。为了我和人们的安全，动物园的叔叔把我带走了，从此，我就在成都动物园安了家。我现在住在两爬馆里，是原矛头蝮展箱里最亮眼的存在。

不会空缺的毒牙

蛇类的牙没有齿槽，容易脱落，所以我们蝮蛇的毒牙后面都有几颗备用的毒牙。我们从幼蛇期就开始定期更换毒牙，但左右两侧毒牙的更换时间不一致，即使同侧毒牙也是不同位置交替进行更换。因此，我们的毒牙没有空缺的时候，有时左右各 1 颗，有时左右各 2 颗，有时一边 1 颗而另一边 2 颗。

红外线探测能力

蛇类的视力不好，但好在我们蝮蛇有一对独特的热测位器官——颊窝，位于眼睛和鼻孔之间。颊窝中间有一层非常薄的膜，上面布满游离神经末梢，对红外线非常敏感，甚至能感受到 0.001℃的温度变化。我们昼伏夜出，颊窝有助于我们搜寻、定位、捕捉鼠类等恒温动物。所以把我们的两只眼睛蒙住没什么用，我们依然可以顺利捕食。

巧辨毒蛇

通常来讲，有毒的蛇大多头比较大且呈三角形，颈部细，有毒牙，有颊窝，身上斑纹较明显；无毒的蛇大多头比较小且呈椭圆形，没有毒牙，没有颊窝。蝮蛇都是有毒的，我们原矛头蝮是典型的管牙类毒蛇。管牙是中空管状的，毒液由毒腺分泌，经管牙注入猎物体内。

百蛇之王
王锦蛇

"金盔乌甲敢问天，林中猛兽常做伴。盘踞山岭百万年，只为一方太平天。"你好，我是王锦蛇。作为一种大型蛇类，我们既身怀绝技，自带威武之气，又如其他爬行动物一样神秘莫测。在成都动物园，卸下守护重任的我多了几分怡然自得，时而攀爬张望，时而安静凝视，好不快活。

幼体体色为浅黄褐色，斑纹少且淡。

蛇没有外耳和鼓膜，依靠腹部将地面振动传到内耳中，对于空气中的声音捕获能力较差。

舌尖是分叉的，吐芯子是蛇感知外界的一种方式，不用张开嘴就能吐芯子。

成年王锦蛇体长能达到 2 米。

雄性王锦蛇的尾巴根部更为粗壮，与身体后端粗细差不多；而雌性的尾巴根部明显变细。

背部鳞片中央有凸起的棱，所以王锦蛇的背部摸起来并不光滑。

蛇中王者

我们因前额上有"王"字样黑纹而得名。我们头上的"王"字和百兽之王老虎的有着异曲同工之妙，也彰显着我们在蛇类中的王者地位。另外，因为我们身上混杂的黄色花斑像菜花，所以也被称作菜花蛇。其实菜花蛇是对一类蛇的俗称，不同地区所指的种类可能不同，但都有一个共同特点，那就是身上的花纹都是黄黑相间，比如有些地方把黑眉锦蛇称为菜花蛇。

吃蛇的蛇

我们食性广泛，可谓是蛇类中的"美食家"。别看我们体形大，动作却很敏捷，不仅能够捕食各种小动物，作为蛇类中的王者，我们还以其他蛇为食，能捕食体形略小于自己的大型蛇类，还能捕食五步蛇之类的毒蛇。我们的血清能有效抑制部分毒蛇的毒液，即使被咬也不怕。

奇臭无比的招数

虽然我们是蛇类中的王者，但我们也是有天敌的，比如一些猛禽、鼬科动物以及猫科动物等。当遇到危险时，我们的肛腺能散发出一种奇臭的味道，让天敌失去猎食的兴趣，我们好趁机逃脱。

对你的爱永无止境——行为训练

行为训练是保育员与动物交流沟通，使动物在保育员的指导下，学习配合日常管理操作。行为训练是现代动物园管理的重要组成部分，属于动物福利的范畴。目的是让它们在动物园里过上有品质的、有滋有味的生活，展示更多的自然行为。行为训练不同于驯兽表演，从初衷到结果，都是为了动物好。通过行为训练，在不需要强硬抓捕、麻醉等的情况下，就可以对动物进行身体检查、串笼转运、修蹄护理等，最大限度地降低动物的应激反应和对动物的伤害。行为训练需要保育员有爱心和耐心，并在过程中不断总结、适时调整。人与动物之间的和谐关系总能带来意想不到的惊喜。下面是两位保育员在行为训练过程中的一些心得。

温暖

发发是一只很聪明的雄性川金丝猴，对它的行为训练总是进行得很顺利。有一次，我发现它的嘴巴有点儿不对劲儿。尽管很疼，它还是努力把嘴巴张到最大，方便我们检查它的口腔，使受伤的牙齿及时得到处理。还有一次，我照例来找发发玩耍互动，进行日常的行为训练。在做体表触诊训练时，发发的爱妻都都见我伸手触碰发发便不乐意了，"护夫心切"的都都立马冲过来，对我发出警告的叫声，还试图攻击我。沉浸在行为训练中的发发马上反应过来，及时伸手拉住发飙的都都，连拉带拽地将都都带到离我较远的地方。等都都平静下来后，发发再次来到我面前，关切地看着我。那次我特别感动，心里面暖融融的，体验了一把被我照顾的动物保护的感觉！

思考

只要喂点儿好吃的，动物就会乖乖听话吗？当然不是。跟人类一样，每个动物的性格都不同，对待行为训练的反应也不同。有的动物很聪明，一学就会；有的很配合；有的胆小；有的调皮；有的干脆在训练中直接走掉，怎么哄都不理……

我很幸运，有机会训练不同的物种，拥有了与不同动物一起学习的宝贵经历。进行新的行为训练时，大熊猫会用眼神询问："这样对吗？你的意思是让我这样做吗？"川金丝猴在这种情况下，有时会皱眉，可能是对新的指令还不适应。再请它多练习一次时，有时它会思考一会儿。思考有很多种情况：可能是让自己缓一缓，休息休息；可能是在酝酿情绪，思量自己要不要继续配合；也可能是在思考自己要做的是不是刚刚做过的这个行为；抑或是在揣摩眼前发生的一切是否安全或有趣……

动物们不会说话，大多数时候是用肢体语言和我们沟通交流，但是透过它们脸上的表情和其他动作，我仿佛能看到它们飞速运转的大脑。在它们思考的时候，我会等待一下，等待它们做出回应或决定，然后对它们的主动配合我会表现得欢欣雀跃。这时我们的喜悦往往是相通的，意味着喜欢、信赖、自信，用于奖励的好吃的也远远超出了其作为食物的意义。

大熊猫和它的"朋友圈"

　　1953年，成都动物园刚建园就与大熊猫结下了不解之缘。因为救助了病重的大熊猫大新，成都动物园成为中华人民共和国第一家饲养大熊猫的动物园，从此开启了城市动物园大熊猫物种保护与科学研究之路。

　　人们是在四川省都江堰市玉堂镇发现大熊猫大新的，这里距离大熊猫国家公园（成都片区）很近。大熊猫国家公园就像一把巨大的伞，除了大熊猫，还守护着无数珍稀动植物，从川金丝猴到羚牛，从毛冠鹿到原矛头蝮，从中国大鲵到黑颈鹤……大熊猫国家公园里的许多珍宝，在成都动物园里都可以一睹为快。在熊猫馆的回廊，还有大熊猫国家公园珍稀动植物展览，千万不要错过"大熊猫和它的'朋友圈'"的展示哟！

　　熟悉成都动物园大熊猫家谱的人，都会对大熊猫庆庆的故事津津乐道。庆庆于1984年9月9日出生在成都动物园，2023年1月离世，它可能是最长寿的人工圈养大熊猫。1990年，庆庆在人工辅助下成功繁育成活世界首对大熊猫双胞胎娅娅和祥祥，是大熊猫繁育史上的突破。此外，庆庆还同时成功哺育3只熊猫幼崽，它共生育了13个孩子并将它们全部成功养大，还多次帮助其他熊猫妈妈带孩子，它就是英雄母亲！

　　还有很多大熊猫都是自己故事里的明星，如国际奥林匹克委员会前主席萨马兰奇为其取名的科比，第一批被派往日本的动物园的永明等。成都动物园的大熊猫保育员们代代传承的除了技术和爱心，还有一个个传奇故事，到动物园参观的时候，请留意讲解时间，听听保育员讲述大熊猫们的精彩故事。